Bibliografische Information der Deutschen Nationalbibliothek:

Die Deutsche Bibliothek verzeichnet diese Publikation in der Deutschen National-
bibliografie; detaillierte bibliografische Daten sind im Internet über http://dnb.d-
nb.de/ abrufbar.

Impressum:

Copyright © 2016 GRIN Verlag, Open Publishing GmbH
Druck und Bindung: Books on Demand GmbH, Norderstedt Germany
ISBN: 9783668541016

Dieses Buch bei GRIN:

http://www.grin.com/de/e-book/375806/adipositas-bei-kindern-und-jugendlichen-
einflussfaktoren-gesundheitliche

Julian Hauner

Adipositas bei Kindern- und Jugendlichen. Einflussfaktoren, Gesundheitliche Bedeutung und mögliche Präventionsmaßnahmen

GRIN Verlag

GRIN - Your knowledge has value

Der GRIN Verlag publiziert seit 1998 wissenschaftliche Arbeiten von Studenten, Hochschullehrern und anderen Akademikern als eBook und gedrucktes Buch. Die Verlagswebsite www.grin.com ist die ideale Plattform zur Veröffentlichung von Hausarbeiten, Abschlussarbeiten, wissenschaftlichen Aufsätzen, Dissertationen und Fachbüchern.

Besuchen Sie uns im Internet:

http://www.grin.com/

http://www.facebook.com/grincom

http://www.twitter.com/grin_com

Adipositas bei Kindern und Jugendlichen

Hausarbeit

Modul: Kultur, Ernährung und Nachhaltigkeit

Julian Hauner

5. Semester Oecotrophologie VVM

Abgabe: 16.02.2016

Inhaltsverzeichnis

I Abbildungsverzeichnis

II Tabellenverzeichnis

III Abkürzungsverzeichnis

AGA = Adipositas im Kindes- und Jugendalter

BMI = Body Mass Index

Bzw. = beziehungsweise

DGE = Deutsche Gesellschaft für Ernährung

WHO = World Health Organization

1 Einleitung

In Deutschland ist jedes 5. Kind übergewichtig bzw. adipös, wobei eine steigende Zahl an adipösen Menschen anzunehmen ist. Gründe dafür sind das sich verschlechternde Bewegungsverhalten der heutigen Gesellschaft, ebenso wie das schlechte Ernährungsverhalten. (Kochanowski 2007, S.6)

Laut dem Einschulungsuntersuchungen in Brandenburg von 1994 im Vergleich zu 1998 zeichnet sich der Trend ab, dass Adipositas bei Kindern und Jugendlichen zunehmend ist. Bei den Jungen ist ein Anstieg von 1,3%, bei den Mädchen von 0,5% festzustellen (Kochanowski 2007, S.8). Dies ist ein immer größer werdendes Problem, da Übergewicht bzw. Adipositas mit vielen Folgeerkrankungen vor allem im kardiovaskulären Bereich verbunden ist (Laessle et al. 2001, S.5 f.). Warum ist solch eine Entwicklung vorhanden und wie kommt es zu Übergewicht und Adipositas. Auf die verschiedenen Entstehungs- und Einflussfaktoren welche zu Adipositas führen wird in dieser Hausarbeit eingegangen. Ebenso werden die unmittelbaren und langfristigen gesundheitlichen Folgen näher betrachtet. Um eine Entstehung von Übergewicht und Adipositas zu verhindern bzw. dieser entgegen zu wirken sind Präventions- und Therapiemaßnahmen notwendig, diese werden ebenfalls erläutert.

2 Definition und Klassifikation Adipositas

„Adipositas ist definiert als eine über das Normalmaß hinausgehende Vermehrung des Körperfetts." (Deutsche Adipositas-Gesellschaft e.V. 2012)

Um eine genaue Aussage treffen zu können ob Übergewicht bzw. Adipositas bei einer Person vorhanden ist, bedarf es genauer Berechnungs- und Einteilungsmöglichkeiten. Bei Erwachsenen hat sich hierzu der sogenannte BMI (Body-Mass-Index) durchgesetzt. Dieser wird mit folgender Formel berechnet:

BMI= Körpergewicht in kg / Körpergröße in m^2 (Kochanowski 2007, S. 13)

Mithilfe folgender Klassifikation (siehe Tabelle 1) ist ein Vergleich bzw. eine Auswertung möglich.

Klasse	BMI [kg/(m)^2]
Untergewicht	< 18,5
Normalgewicht	18,5 – 24,9
Übergewicht (Präadipositas)	25,0 – 29,9
Adipositas Grad I	30,0 – 34,9
Adipositas Grad II	35,0 – 39,9
Adipositas Grad III	≥ 40

(Kochanowski 2007 S. 14)

Laut dieser Tabelle der WHO ist bei einer Person Übergewicht vorhanden, wenn ein BMI vorliegt der größer als 25,0 ist (siehe Tabelle 1). Eine Person gilt erst als adipös, wenn der BMI größer als 30,0 ist. Von extremer Adipositas wird gesprochen wenn ein höherer BMI als 40 vorzufinden ist. (Kochanowski 2007, S. 14)

Bei Kindern und Jugendlichen ist der BMI alters- und geschlechtsabhängig. Um jedoch einen Vergleich ziehen zu können, werden BMI-Referenzkurven eingesetzt, welche in sogenannte Perzentile eingeteilt sind. Für Jungen (siehe Abbildung 1) und für Mädchen (siehe Abbildung 2) werden unterschiedliche Kurven verwendet.

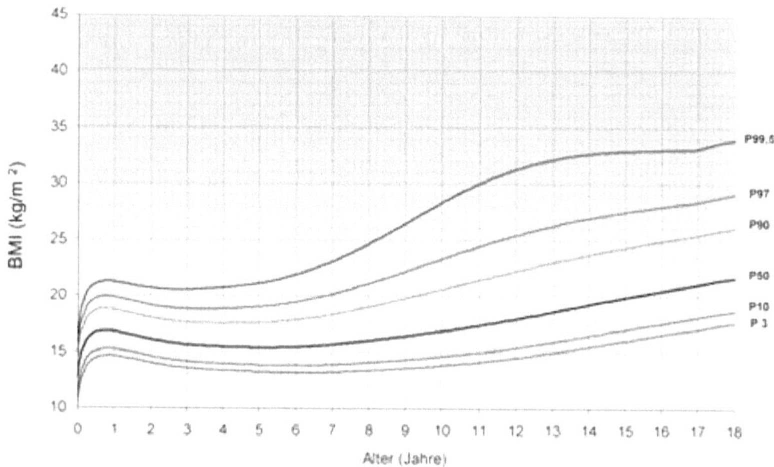

Abbildung 1 Perzentilekurve für den BMI Jungen 0-18 Jahre (Arbeitsgemeinschaft Adipositas im Kindes- und Jugendalter 2011)

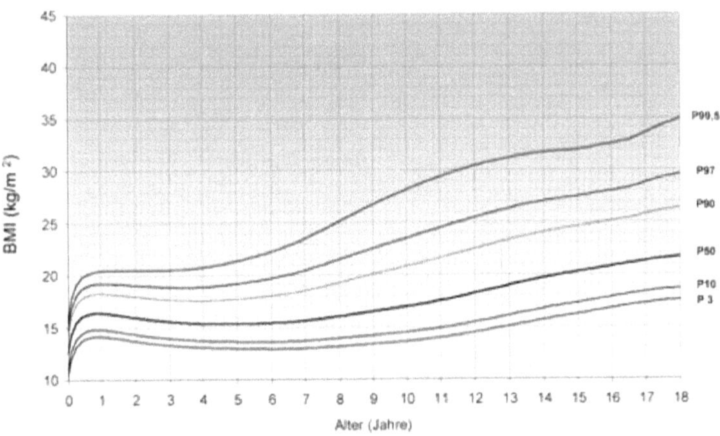

Abbildung 2 Perzentilekurve für den BMI Mädchen 0-18 Jahre ((Arbeitsgemeinschaft Adipositas im Kindes- und Jugendalter 2011)

In Deutschland ist für diese Kurven folgende Definition bzw. Einteilung vorgesehen:

- Übergewicht: BMI-Perzentile > 90 - 97
- Adipositas: BMI-Perzentile > 97 - 99,5
- Extreme Adipositas: BMI-Perzentile > 99,5

(Arbeitsgemeinschaft Adipositas im Kindes- und Jugendalter 2011)

3 Prävelenz

Die Ergebnisse des vom Robert-Koch-Institut durchgeführten Kinder- und Jugendsurveys zeigen, dass 8,7% aller Kinder zwischen 3 bis 17 Jahren übergewichtig, und 6,3 % adipös sind. Mit steigendem Alter steigt auch der Anteil an adipösen bzw. übergewichtigen Kindern. Bei den 3 bis 6 Jährigen sind 2,9% adipös, bei den 7 bis 10 Jährigen 6,4% und bei den 14 bis 17 Jährigen 8,5%. Von 1985 bis 1999 hat sich die Zahl an Übergewichtigen verdoppelt. Jedoch ist in den letzten Jahren eine Tendenz der Stagnation bzw. des Rückgangs von Übergewicht und Adipositas festzustellen. (Bundeszentrale für gesundheitliche Aufklärung o.J.)

Laut den Schuleingangsdaten aus dem Jahr 2008, die aus 600000 Schulanfängern durch die Universitätskinderklinik in Ulm ermittelt wurden, ist ein Rückgang von Übergewicht und

Adipositas in allen Bundesländern Deutschlands zu verzeichnen. Es kann ein Rückgang von 3% für Übergewicht und 2% für Adipositas festgestellt werden. (Bundeszentrale für gesundheitliche Aufklärung o.J.)

4 Entstehungs- und Einflussfaktoren

Übergewicht bzw. Adipositas ist nicht immer ausschließlich durch die direkte Ernährung begründet. Zu den Gründen von Adipositas zählen ebenfalls genetische, so wie psychosoziale und externe Einflussfaktoren. Diese Unterschiedlichen Gründe werden in den folgenden Punkten näher betrachtet.

4.1 Genetische Einflussfaktoren

Die genetischen Voraussetzungen spielen eine wesentliche Rolle bei der Wahrscheinlichkeit übergewichtig bzw. adipös zu werden. Kinder die übergewichtige Eltern haben, besitzen eine 80%ige Wahrscheinlichkeit ebenfalls adipös zu werden. Bei Kindern mit schlanken Eltern liegt die Wahrscheinlichkeit gerade einmal bei 20%. (Laessle et al. 2001, S.9)

Diese Fakten können durch Umweltfaktoren, Aktivitätsverhalten usw. begründet werden. Jedoch wurden 1986 von Stunkard et al. Zwillings- und Adoptionsstudien an großen Populationen durchgeführt (Laessle et al. 2001, S.9). Dio Studic wurde sowohl an eineiigen Zwillingen, sowie zweieiigen Zwillingen durchgeführt. Beiden Zwillingsteilen wurden jeweils derselbe Kalorienüberschuss zugeführt. Laut dem berechneten Überschuss hätte eine Gewichtszunahme von 12 kg vorhanden sein müssen. Jedoch wurden Gewichtszunahmen von 4,5 kg bis 13,5 kg gemessen. Bei den eineiigen Zwillingen war eine ähnliche Gewichtszunahme festzustellen, auch wenn sie nicht gemeinsam aufwuchsen. Bei den Zweieiigen Zwillingen wurde ein Unterschied gemessen, auch wenn sie gemeinsam aufgewachsen sind. (Kochanowski 2007, S.19)

Durch weitere Studien mit sehr ähnlichen Ergebnissen ist ein Zweifel an der genetischen Disposition nicht mehr möglich (Pudel 2003, S.17). Demnach spielt die genetische Veranlagung eine wesentliche Rolle bei der Wahrscheinlichkeit übergewichtig bzw. adipös zu werden.

4.2 Psychische und psychosoziale Einflussfaktoren

Ein weiterer Faktor des Übergewichts sind psychische und psychosoziale Einflussfaktoren. Übergewichtige Personen wählen in ihrem Essverhalten größere Mengen an energie- und fettreicheren Lebensmitteln aus und konsumieren so im Durchschnitt 25g mehr Nahrungsfett pro Tag als normalgewichtige Personen. Dies entspricht auf das Jahr gesehen einer Gewichtszunahme von 9kg. (Laessle et al. 2001, S.16)

Die Häufigkeit und die Kalorienaufnahme bei einer Mahlzeit werden in großem Maße durch emotionale Faktoren sowie Lernprozesse beeinflusst. Sollte es also im Entwicklungsprozess des Kindes zu einer Kopplung von negativen emotionalen Zuständen und einer Zufuhr von Nahrung kommen, wird in Zukunft nicht nur bei Hunger Nahrung aufgenommen, sondern bei allen Zuständen die in der Vorgeschichte mit Nahrungsaufnahme verbunden wurden. (Laessle et al. 2001, S.17)

Laut Wolf sind vor allem seelische Probleme und aversive Gefühle wie Angst und Einsamkeit, Stress oder Langeweile Motive für eine Nahrungsaufnahme ohne Hungergefühl (Laessle et al. 2001, S.17).

4.3 Externe Einflussfaktoren

Bei den externen Einflussfaktoren gibt es viele verschiede Gesichtspunkte. Jedoch wird sich hier nur auf folgende Punkte spezialisiert, da diese bei Kindern und Jugendlichen den größten Einfluss nehmen bzw. in den letzten Jahren von immer größerer Bedeutung geworden sind.

4.3.1 Sozioökonomische Einflussfaktoren

Laut verschiedenen Studien ist belegt, dass Bevölkerungsgruppen, welche ein geringes Einkommen besitzen günstigere Lebensmittel kaufen. Außerdem konsumieren sie eher Nahrung wie Weißbrot, fetthaltige Wurst- und Fleischwaren, Zucker und Süßspeisen, welche energiedicht sind. Besserverdienende hingegen greifen häufiger zu Obst und Gemüse. In Europa verändert sich das Ernährungsverhalten. Es werden immer mehr Milch- und Molkereiprodukte, Fleisch, verfeinerte Stärke und Zucker dafür weniger Obst und Gemüse konsumiert. „Diese Auswahl des Verbrauchers hängt von den Faktoren Bildung, Nahrungsbezeichnung und Marketing ab und wird durch die Massenmedien beeinflusst." (Kochanowski 2007, S.29 f.)

Laut DGE wird eine tägliche Aufnahme von ca. 30% Fett empfohlen (Deutsche Gesellschaft für Ernährung e. V. 2016). Jedoch zeigt der Ernährungsbericht aus 2004, dass der tatsächlich durchschnittlich aufgenommene Fettanteil in der deutschen Bevölkerung bei 33 – 38% liegt (Kochanowski 2007, S.30).

Die zweite Bayrische Verzehrstudie aus dem Jahr 2002/2003 zeigt, dass weibliche Personen und Personen aus höheren Schichten ein signifikant besseres Ernährungswissen besitzen. Je größer das vorhandene Ernährungswissen ist, desto mehr wird Obst, Gemüse, Milch und Milchprodukte wie Käse und Quark verzehrt. Gleichzeitig reduziert sich jedoch der Konsum von Fleisch- und Wurstwaren, welche viel verstecktes Fett enthalten. (Kochanowski 2007, S.30)

Daraus lässt sich schließen, dass Kinder in ihrer Ernährung sehr von den Eltern, deren Einkommen und des vorhandenen Ernährungswissens abhängig sind.

4.3.2 Fernsehkonsum und Ernährungsverhalten

Der Fernsehkonsum nimmt einen erheblichen Einfluss auf das Körpergewicht von Kindern und Jugendlichen ein. Da der Fernsehkonsum bei Kindern und Jugendlichen in den letzten Jahren deutlich angestiegen ist, ist dieser Bereich nicht zu unterschätzen. Laut Kochanowski steigt mit der Dauer des Fernsehkonsums auch das Gewicht der Kinder (2007, S.35). Kinder die Übergewichtig sind verbringen deutlich mehr ihrer Freizeit vor dem Fernseher bzw. Computer. Dies ist ein entscheidender Faktor für die Aufrechterhaltung oder die Zunahme des Übergewichtes (Kochanowski 2007, S.36). Ebenso nimmt die Mitgliedschaft in einem Sportverein signifikanten Einfluss. Dies bedeutet, dass Kinder die in keinem Sportverein Mitglied sind und dazu noch länger als eine Stunde am Tag Fern schauen, eher zu Imbisskost und zu Süßigkeiten greifen. Hinzu kommt, dass die in den Werbungen dargestellten sportlichen Personen den Eindruck vermitteln, dass hochkalorische Nahrung keine Auswirkungen auf das Körpergewicht hat. (Kochanowski 2007, S.35)

Ein weiteres Problem ist, dass das ausgestrahlte Fernsehprogramm in rund zwei Drittel der Programmelemente ernährungsbezogene Inhalte darstellt. Über die Hälfte der dargestellten Lebensmittel lässt sich in Süßes und Snacks (24,6%), Alkohol (16%), Fleisch, Wurst, Fisch, Eier (12,8%) einteilen. Ebenso lassen sich Sendekategorien ausmachen, welche einen besonders hohen Anteil an Süßigkeiten und Snacks mit hohem Fettanteil bewerben bzw. zeigen. Dazu gehören Werbung (35,2%), Talkshows (30,1%) und Trickfilme (29,7%). Besonders die Kategorie Trickfilme nimmt somit einen negativen Einfluss auf die Lebensmittelauswahl von Kindern und Jugendlichen. Mensing führte für den Ernährungsbericht 2000 eine Untersuchung durch, bei der ermittelt wurde, dass 30% der gesamten Sendezeit, Werbung für Lebensmittel ausgestrahlt wurde. Davon waren wiederum 40% an die Zielgruppe Kinder und Jugendliche gerichtet. Es ist zu beachten, dass diese

Lebensmittel meist stark verarbeitet waren und einen hohen Anteil an Saccharose (Haushaltszucker) enthielten. (Kochanowski 2007, S.35 f.)

5 Gesundheitliche Bedeutung von Adipositas

Die Gesundheitlichen Folgen von Übergewicht und Adipositas sind nicht zu unterschätzen. Es können eine Reihe von Folgekrankheiten auftreten. Diese lassen sich in unmittelbare und Langzeitkonsequenzen unterteilen. Auf diese wird im Folgenden näher eingegangen.

5.1 Konsequenzen von Adipositas im Kindesalter

Eine unmittelbare Konsequenz von Adipositas im Kindesalter ist eine deutliche Reduktion der Insulin-induzierten Glukoseaufnahme. Diese Erscheinung wird in vielen Fällen von Hyperlipidaemie begleitet. Dies bedeutet, dass die Werte des Cholesterins, des LDL-Cholesterins und der Triglyceride erhöht sind und in der weiteren Entwicklung zu kardiovaskulären Erkrankungen führen können. Ebenfalls wurde beobachtet, dass diese Erscheinungen erst bei Kindern auftraten, die älter als 6 Jahre alt waren. Bei Adoleszenten lassen sich bei der Mehrheit aller durchgeführten Studien erhöhte Fettwerte finden und als Konsequenz der Adipositas ausmachen. Ebenso lässt sich bei 80% aller adipösen Kinder eine Einschränkung der Lungenfunktion von mehr als 15% feststellen. Bei adipösen Kindern ist die Wahrscheinlichkeit im Erwachsenenalter an Bluthochdruck zu erkranken 8 - 10 mal höher als üblicherweise. Bei übergewichtigen Kindern lässt sich schon bereits im Alter von 5 - 11 Jahren ein erhöhter Blutdruck nachweisen. Bei 25% aller adipösen Kinder lassen sich Anzeichen für eine Fettleber feststellen. Diese könnten in der späteren Entwicklung in eine Fibrose bzw. Zirrhose übergehen. (Laessle et al. 2001, S.5 f.)

5.2 Langzeitkonsequenzen der Adipositas im Kindesalter

Ein großes Problem bei übergewichtigen Kindern ist, dass eine hohe Wahrscheinlichkeit vorhanden ist dass das Übergewicht in eine lebenslange Adipositas übergeht. Es ist schon bei adipösen 10 - 13 Jährigen ein Risiko von 70% vorhanden im Erwachsenenalter ebenfalls übergewichtig zu werden. Ebenso wurde die Wahrscheinlichkeit von etwa 1,5 für alle Todesursachen, und 2,0 - 2,5 für Tod aufgrund kardiovaskulärer Erkrankungen gefunden. Dies bedeutet, dass die Spätfolgen einer kindlichen Adipositas Hyperlipidämie, Diabetes Typ II, Bluthochdruck, Arteriosklerose, Herzinfarkt und Schlaganfall sein können und die Wahrscheinlichkeit an diesen zu erkranken deutlich erhöht ist wenn Übergewicht und Adipositas bereits im Kindesalter vorhanden sind. (Laessle et al. 2001, S.6)

5.3 Psychosoziale Folgen

Gerade bei Kindern und Jugendlichen spielen Psychosoziale Folgen der Adipositas eine große Rolle. Sie nehmen die direkten Reaktionen ihrer Umwelt wahr und leiden sehr häufig darunter. Beispielsweise Verachtung oder Spott in der Schule. Bereits Kindergartenkinder haben vermutlich ein negatives Bild auf adipöse Menschen. Wenn man ihnen ein Bild eines normalgewichtigen, eines übergewichtigen und eines behinderten Kindes zeigt, beurteilen sie das übergewichtige Kind als das Unbeliebteste und wären lieber mit den anderen beiden Kindern befreundet. (Laessle et al. 2001, S.7)

Umso länger die Dauer der Übergewichtigkeit ist, desto negativer wird das Selbstbild und das Selbstwertgefühl. Dies ist vor allem bei Mädchen zu beobachten. Bei 15 – 20% der adipösen Kinder lassen sich Ängstlichkeit, Depressivität aber auch soziale Probleme feststellen. Eine weitere Folge des Übergewichts ist eine negative Einstellung gegenüber des eigenen Körpers. Diese kann sich im Kindes- und Jugendalter festsetzen und über die Jugend hinaus die Grundlage für die Entwicklung einer anderen Essstörung sein. (Laessle et al. 2001, S.7)

6 Mögliche Präventionsmaßnahmen

Präventionsmaßnahmen sollen verhindern, dass eine normalgewichtige Person übergewichtig bzw. eine übergewichtige Person adipös wird. Es gibt 3 Aspekte auf der Präventionsmaßnahmen aufgebaut sein sollten. Es sollte Sport (Bewegung), eine Diät bzw. eine Ernährungsumstellung sowie der Aspekt des Verhaltentrainings als Grundlage dienen.

6.1 Sport/Bewegung

Dadurch dass Kinder und Jugendliche in den letzten Jahren eine immer geringere Bewegungsaktivität vorweisen ist Sport bzw. Bewegung ein sehr wichtiger Faktor um Adipositas vorzubeugen. Durch sportliche Aktivitäten wird der Energiebedarf gesteigert und somit der sinkenden Bewegungsaktivität entgegengesteuert. Bei adipösen Personen wird bestenfalls ein Kaloriendefizit und somit Gewichtsverlust erreicht. Zusätzlich wird durch gezieltes Training Muskulatur aufgebaut und dadurch der Grundumsatz gesteigert. Ebenfalls wird durch das Training eine Verbesserung der Kondition und Ausdauer, aber auch des Wohlbefindens und der Körperwahrnehmung erzielt was vor allem bei übergewichtigen Personen ein wichtiger Punkt ist (Laessle et al. 2001, S.19). Bei Kindern empfehlen sich vorallem Sportarten wie Schwimmen oder Radfahren (Laessle et al. 2001, S.19).

6.2 Ernährung

Der Punkt Ernährung ist ein entscheidender Faktor um Übergewicht und Adipositas vorzubeugen bzw. um bei bereits erkrankten Personen eine Besserung zu erzielen. Eine optimale Ernährung lehnt sich an die Empfehlungen der DGE. Als Orientierung hilft hier der sogenannte DGE-Ernährungskreis (siehe Abbildung 3).

Abbildung 3 DGE-Ernährungskreis (Deutsche Gesellschaft für Ernährung e.V. 2016)

Dieser Ernährungskreis ist in 7 Kategorien eingeteilt:

1. Getreide, Getreideprodukte und Kartoffeln
2. Gemüse und Salat
3. Obst
4. Milch und Milchprodukte
5. Fleisch, Wurst, Fisch und Eier
6. Öle und Fette
7. Getränke.

(Deutsche Gesellschaft für Ernährung e.V. 2016)

Es sollten unterschiedliche Mengen der einzelnen Nahrungsmittelgruppen zu sich genommen werden. Die empfohlenen Mengen entsprechen den unterschiedlich großen Flächen (siehe Abbildung 3). Es sollten täglich 5 Mahlzeiten zu sich genommen werden, aufgeteilt in drei große und zwei Zwischenmahlzeiten. Es sollten viele Vollkornprodukte verzehrt werden, da diese einen niedrigen Glykämischen Index vorweisen und viele

Ballaststoffe mit sich bringen. Ebenso sollte eine ausreichende Zufuhr an Gemüse und Obst erfolgen, da diese viele Vitamine und Mineralstoffe mit sich bringt. Der Konsum von Süßem und Fett bzw. fettreichen Nahrungsmittel sollte gering gehalten werden. Die größte Menge die aufgenommen werden sollte stellt die Gruppe Getränke da. Es sollte täglich eine Flüssigkeitszufuhr von mindestens 1,5 L erfolgen. Dies sollte hauptsächlich in Form von Wasser geschehen. (Laessle et al. 2001, S.20 f.)

Sollte eine Umstellung auf diese Ernährung gelingen, so kann der Gewichtsverlauf bei Kindern positiv beeinflusst werden. Übergewichtige Personen können bei einer Umstellung in Kombination mit einer Bewegungssteigerung (siehe Kap. 6.1) ihr Gewicht langfristig reduzieren.

6.3 Verhaltenstraining

Verhaltenstraining soll auf Bewegungs- und Ernährungsaspekt unterstützend wirken und hat eine langfristige Umstellung als Ziel. Dieses Training geschieht in Form von Therapiesitzungen bzw. Therapieprogrammen. Bei Kleinkindern sollte das Training in Anwesenheit der Eltern, bei Jugendlichen ab ca. 12 Jahren sollten für Eltern und Kind jeweils einzelne Sitzungen durchgeführt werden. Für das Verhaltenstraining sind verschiedene Programme vorhanden, welche speziell aufgebaut sind und einen durchdachten Ablauf haben. (Adipositastraining mit Kindern und Jugendlichen 1999, S.48 f.)

Es werden folgende Techniken als wichtigste angesehen:

- Verhaltensverträge,
- Selbstbeobachtung,
- Selbstbewertung,
- Selbstverstärkung,
- Kognitive Umstrukturierung,
- Training sozialer Kompetenzen,
- Stimuluskontrolle,
- Verhaltensübungen.

(Laessle et al. 2001, S.21)

Die langfristigen Erfolge sind bei Kindern besonders gut, obwohl die Anwendung dieser Techniken den Eltern vermittelt wird. (Laessle et al. 2001, S.21)

Die Verhaltenstherapeutischen Verfahren sind in der Behandlung der Adipositas zum Standard geworden. Es werden immer mehr Verfahren zur Verbesserung der Selbstkontrolle eingesetzt. Diese Verhaltenstherapien werden in bewegungsorientierte und ernährungsorientierte Maßnahmen eingebettet und sollen diese fördern und unterstützen ebenso wie gemeinsame Sitzungen von Eltern und Kind. (Adipositastraining mit Kindern und Jugendlichen 1999, S.49)

7 Diskussion/Schlussfolgerung

Es ist anzunehmen, dass externe Einflussfaktoren den größten Faktor bei der Entwicklung von Adipositas spielen. Der genetische Aspekt spielt wohl eher eine untergeordnete Rolle, da in den letzten Jahrzehnten eine so deutliche genetische Veränderung nicht zu erwarten ist. Verändert hat sich vor allem eher der technische Fortschritt und der psychische Druck durch die Gesellschaft immer dem Schönheitsideal entsprechen zu wollen. Durch die Technik wurde zwar unser Alltag erleichtert, jedoch wird dadurch auch viel Bewegung eingespart. Sei es den Aufzug statt der Treppe oder das Auto statt dem Fahrrad zu nutzen. Durch den technischen Fortschritt ist das Freizeitangebot deutlich in die Richtung von Elektronikunterhaltung gegangen. Ebenso ist der Anteil der körperlichen Arbeit deutlich zurückgegangen. Dadurch hat sich das Bewegungsverhalten der Menschen immens verschlechtert. Dies bedeutet auch einen geringeren Energiebedarf. Im Gegenzug dazu wird durch da Bedürfnis nach Zeitoptimierung bzw. Zeiteinsparung immer weniger zuhause gekocht. Meist sind beide Elternteile berufstätig und eine gemeinsame Mahlzeit wird öfters nur noch abends konsumiert. Dadurch greifen Kinder bzw. Jugendliche immer häufiger auf das vielfältige Angebot von Fertigprodukten aus dem Supermarkt oder auf Produkte von Fast-Food- Ketten zurück. Diese besitzen meist eine hohe Energiedichte da sie meist sehr Kohlenhydrat und Fetthaltig sind. Gepaart mit einem schlechten Bewegungsverhalten kann dies schnell zu Übergewicht führen. Durch die Medien wird eine schlanke und sportliche Figur als Schönheitsideal vermittelt. Dies kann bei adipösen Menschen schnell zu psychischem Stress führen und ihr Selbstwertgefühl und Selbstbewusstsein schädigen. In einer Gesellschaft wo Zeit immer knapper wird, entscheiden sich viele Menschen immer häufiger für Fertigmahlzeiten bzw. Fast-Food. Außer Sie haben genug Wissen und entscheiden sich ganz bewusst gegen solche Lebensmittel. Hier sind wir beim nächsten Problem, dem Wissensstand. Menschen sollten nicht durch ihren Bildungsgrad benachteiligt werden, weil ihnen der Zugang zu passendem Wissen fehlt. Das Thema Ernährung und Gesundheit sollte schon in der Schule Platz finden. Ob es schlussendlich als festes Schulfach eingeführt oder durch Besuch von regelmäßige Pflichtseminaren geschieht ist offen gelassen. Jedoch sollte berücksichtigt werden die Eltern mit einzubinden bzw. spezielle Seminare für diese durchzuführen um ihnen ebenfalls Wissen zu vermitteln und ein besseres Bewusstsein für dieses Thema zu schaffen. Meiner Meinung nach wird somit schon in der Schule entsprechendes Wissen vermittelt und eben auch schon in den „kritischen Jahren" in denen sich Übergewicht bzw. Adipositas andeutet entgegen gewirkt. Ein weiterer Punkt den ich als sehr wichtig ansehe ist, dass in der Schulverpflegung ein entsprechendes Angebot vorhanden sein sollte. Im besten Fall basiert diese auf den Empfehlungen der DGE (siehe 6.2).

8 Zusammenfassung

In Deutschland sind zu viele Kinder & Jugendliche übergewichtig bzw. adipös. Aufgrund der technischen Entwicklungen bewegen sie sich viel weniger in Ihrer Freizeit und haben somit einen geringeren Kalorienverbrauch. Bei Kindern und Jugendlichen geschieht dies vor allem durch einen sehr hohen Fernsehkonsum. Dies in Verbindung mit einer sehr kohlenhydrat- und fettreichen Ernährung kann schnell zu Übergewicht führen. Dazu kommt, bei vielen Eltern ein geringes Ernährungsbewusstsein und Ernährungswissen vorhanden ist. Zusammenfassend lässt sich sagen, dass Adipositas eher durch externe Einflussfaktoren zu begründen ist. Die genetischen Faktoren spielen zwar eine Rolle, aber haben sich in den letzten Jahrzehnten nicht drastisch verändert, dafür ist die Zahl der übergewichtigen und adipösen Menschen gestiegen. Für Personen mit Adipositas ist ein hohes Risiko vorhanden an Folgeerkrankungen zu leiden. Zu den gesundheitlichen Konsequenzen zählen vor allem kardiovaskuläre Erkrankungen welche im späteren Verlauf der Adipositas auftreten können. Aus diesen Gründen gilt es Übergewicht und Adipositas vorzubeugen und zu bekämpfen. Dies lässt sich durch 3 Faktoren erreichen. Durch eine gesteigerte Bewegung, eine Umstellung bzw. Anpassung der Ernährung, und durch gezieltes Verhaltenstraining. Diese 3 Punkte sind die Grundlage für eine erfolgreiche Prävention und Therapie. Hier gilt es anzusetzen und eine frühe Aufklärung und Wissensvermittlung durchzuführen um Adipositas und somit die vielen Folgeerkrankungen vorzubeugen.

Literaturverzeichnis

Adipositastraining mit Kindern und Jugendlichen (1999). Weinheim: Beltz, Psychologie (Materialien für die klinische Praxis).

Arbeitsgemeinschaft Adipositas im Kindes- und Jugendalter (2011): Definition der Adipositas. Online verfügbar unter http://www.aga.adipositas-gesellschaft.de/index.php?id=210, zuletzt geprüft am 21.01.2016.

Bundeszentrale für gesundheitliche Aufklärung (BZgA) (Hg.): Situation Zur Prävalenz von Übergewicht und Adipositas. Online verfügbar unter http://www.bzga-kinderuebergewicht.de/adipo_mtp/impressum.htm, zuletzt geprüft am 06.02.2016.

Deutsche Adipositas-Gesellschaft e.V. (2012): Definition. Online verfügbar unter http://www.adipositas-gesellschaft.de/index.php?id=39, zuletzt geprüft am 18.01.2016.

Deutsche Gesellschaft für Ernährung e. V. (Hg.) (2016a): Fett. Online verfügbar unter https://www.dge.de/wissenschaft/referenzwerte/fett/, zuletzt geprüft am 02.02.2016.

Deutsche Gesellschaft für Ernährung e.V. (Hg.) (2016b): DGE-Ernährungskreis. Online verfügbar unter https://www.dge.de/ernaehrungspraxis/vollwertige-ernaehrung/ernaehrungskreis/, zuletzt geprüft am 10.02.2016.

Kochanowski, Sonja (2007): Adipositas bei Kindern und Jugendlichen. Definitionen, Entstehung, Einflussfaktoren und Therapien. Saarbrücken: VDM, Müller.

Laessle; Lehrke; Wurmser; Pirke (2001): Adipositas im Kindes- und Jugendalter. Basiswissen und Therapie. Berlin: Springer.

Pudel, Volker (2003): Adipositas. Göttingen u.a: Hogrefe (Fortschritte der Psychotherapie, 19).